# PREFACE AV
## LECTEVR.

YANT fait mention, *Amy Lecteur*, de ce petit traitté de la Generation des Metaux dans le Liure que i'ay donné cy-deuant au Public, & mes affaires ne m'ayant pas donné le loisir de le mettre au iour iusqu'à present: Enfin à la sollicitation de plusieurs personnes de petite & de grande condition, i'ay derobé à mes autres affaires le temps qu'il a fallu pour en faire part au Public, personne ne doutant que quoy que mes sentimens sur la generation des metaux ne soient pas conformes à l'opinion de tous les Philosophes, les plus éclairez pourtant ne se trouuent de mon party. Ce que ie mets icy en auant, ie ne l'ajuste & ne l'embellis pas auec les paroles choisies, ny par les escrits & témoignages d'autruy; mais ie le donne dans vne simplicité toute pure, en laquelle consiste

A ij

l'entiere verité : C'est pourquoy ie me suis estudié à estre le plus court que i'ay pû dans ce Traitté ; & qu'on ne croye pas que mon dessein ait esté de choquer l'opinion des autres Autheurs sur cette matiere, rien moins que cela ; au contraire ie laisse la liberté à chacun de conferer ce qu'ils en ont dit auec mes escrits, afin de pouuoir mieux juger par là, qui se trouuera le plus conforme aux experiences de la Nature, & au témoignage de la verité. Ie ne pretends en tout cecy aucun honneur ny profit, & ce que i'en fais n'est purement que pour éclaircir, & donner vn peu plus de lumiere à mes escrits precedens, dans lesquels i'ay particulierement fait mention de ce Traitté de la Generation des metaux ; car ie souffrirois auec beaucoup de peine, qu'on interpretàt mal mes escrits, & qu'ils seruissent d'achopement à personne : au contraire ie souhaitte & i'espere que plusieurs en tireront de grandes lumieres, & se rendront plus sages & plus auisez dans leur trauail. Dieu, qui est le pere commun de tous les hommes, & qui remplit le Ciel & la Terre de ses merueilles, veuille que le tout se termine à son honneur & à nostre profit.

# LA SECONDE PARTIE DE L'OEVVRE MINERALE.

## DE LA NAISSANCE

& Origine de tous les Metaux & Mineraux, de quelle façon ils sont produits par les Astres, sont composez d'eau & de terre, & reçoiuent diuerses formes.

*En faueur des Curieux.*

PAR IEAN RVDOLPHE GLAVBER.

*Et mise en François par le Sr DV TEIL.*

## A PARIS,

Chez THOMAS IOLLY, Libraire Iuré, ruë S. Iacques, au coin de la ruë de la Parcheminerie, aux Armes d'Hollande.

M. DC. LIX.
*AVEC PRIVILEGE DV ROY.*

# LA SECONDE
## PARTIE DE L'OEVVRE
### MINERALE.

*De l'origine & naissance des Metaux.*

**P**OVR ce qui est de l'origine des metaux & des mineraux, de quelle façon ils sont engendrez dans les entrailles de la terre, & paruiennent enfin à vne si grande fixation, les opiniõs ont esté tousiours fort differentes & en grand nombre: de sorte que les nouueaux estudians dans les mysteres de la Philosophie & de la Nature, ont esté tousiours fort en peine à qui ils s'en doiuent raporter. Et comme il y a auiourd'huy quantité de personnes de toute sorte de condition qui cherchẽt à establir leur fortune par les metaux, & que pourtant ils ne peuuent iamais reüssir dans leur dessein, sans en auoir vne connoissance parfaite, i'expliqueray icy entierement leur naissance & leur origine. Car de grace, comment peut-on meliorer les metaux & les mettre en vn estat plus parfait, si on ignore de quelle matiere ils sont composez, & en quelles parties ils doiuent estre

A iij

refous, pluſtoſt que d'acquerir vne forme plus
noble, & eſtre pouſſez à vn plus haut degré de
perfection?

Quoy que la pluſpart des Philoſophes aſſeu-
rent par des écrits fort courts, fort obſcurs &
enigmatiques, que les metaux ſont engendrez
d'enhaut, par la force des aſtres dans les entrailles de la terre, il y en a toutefois d'aſſez ignorans pour conteſter qu'ils ſoient pourueus de
ſemence, comme les vegetaux & les animaux; &
par conſequent qu'ils ayent aucune vertu d'en-
gendrĕr, mais que Dieu les a produits tels qu'ils
ſont, dés la premiere creation du monde dans le
ſein de la terre. Mais cet erreur eſt trop palpable, trop groſſier & trop contraire à l'experience
iournaliere Car lors que les Mineurs ont tiré les
metaux hors de la terre, on connoiſt à veuë-d'œil
qu'ils croiſſent tous les iours, & que cette vertu
& mouuement ne ſe pert en eux, qu'apres qu'ils
ont eſté priuez par des accidens eternels de cette
vie & force vegetatiue. D'autres croyent que
Dieu dés la creation du monde ne mit pas les metaux dans le ventre de la terre, mais ſeulement
qu'il y infuſa leur ſemence pour ſeruir à leur propagation & generation. Mais ſi cela eſtoit il y
auroit deſia long-temps que par vne vegetation
parfaite cette ſemence nous auroit donné vne
nouuelle moiſſon, de laquelle pourtant nous ne
voyons aucune trace en aucune part. Il faut donc
ſçauoir qu'il y a grāde difference entre la ſeméce
des metaux, & la ſemence des vegetaux & des animaux qui ſont palpables & viſibles. Les metaux
n'ont pas eſté creés tous enſemble dés le com-

mencement du monde ; mais par la longueur du temps ils sont engendrez des élemens, ausquels Dieu a communiqué cette vertu de donner l'accroissement à toutes choses. D'où vient qu'ils ne peuuent pas se passer du meslange continuel & accouplement reciproque les vns des autres. Car les astres & l'element du feu iettent la semence metalique de leurs entrailles, cette semence est portée par l'air iusqu'à l'eau, où elle prend vne forme palpable, ou vn corps que la terre couue, nourrit, & augmente de forme en forme, iusqu'à ce qu'elle en ait fait vn me tal parfait ; lequel enfin elle met au iour comme vne mere fait son enfant lors qu'il est en sa perfection.

Cette conception & generation des metaux a commeneé auec le monde, & durera iusques à sa fin Car par la vertu & par la force des élemens, il s'engendre tous les iours de nouueaux metaux, & les vieux tout au contraire se corrompent à méme temps. Ce qui n'arriue pas seulement dans les metaux, mais est aussi visible iournellement dans les vegetaux & dans les animaux. Puisque personne ne peut nier que plusieurs sortes d'herbes & de petits animaux ne soient engendrez sans aucune semence par la seule vertu des élemens. De cecy ie pourrois donner plusieurs enseignemens, & plusieurs exemples, si la chose n'estoit assez connuë de tout le monde. Or qui est celuy qui ne croira pas que la mesme chose se puisse faire dans les metaux ?

Dieu a mis & implanté dans les astres ou élement du feu, la vertu seminale & viuifiante de toutes choses ; laquelle vertu le feu ne retient pas

A iiij

enfermée en luy, mais par le commandement de Dieu, au moyen de l'air & de l'eau, il la pousse au centre de la terre. Ces rayons ignées par leur propre mouuement ne cessent d'aller iusqu'à ce qu'ils ayent rencontré vn lieu au delà duquel ils ne sçauroient passer, & n'arrestent pas long-temps dans ce lieu, mais glissant & se reflechissant du centre iusqu'à la circonference dans toutes les parties de la terre, la fomentent, échaufent, & engrossissent. Que si cela n'arriuoit de la sorte, & que ces vertus & ces influences astrales s'arrestassent au centre de la terre, sans iamais remonter en haut, il ne se feroit point de produ-ction ny de generation sur la terre. Mais d'autant que c'est la nature de la chaleur, & de tout ce qui part du feu, de pousser aussi auant qu'il se peut, lors qu'il ne peut passer outre, il se resper-cute & refléchit du centre à la superficie. Com-me on voit éuidemment dans vn miroir sur le-quel les rayons du ☉ venans à tomber, & ne pouuant percer & passer à trauers la solidité du metal, ils remontent & se refléchissent vers leur principe.

Or comme ces rayons ignées remontent & se refléchissent du centre vers la superficie de la terre, ils prenent en montant dans les porosites de la terre vne humidité grasse & onctueuse, s'ar-restent par ce moyen & sont coagulez par ce meslange en vne certaine essence impalpable, de laquelle en suite, selon la pureté ou impureté du lieu s'engédre vn metal pur ou impur au bout de certain temps ( car le metal ne vient pas dans vn moment; mais la semence metalique est nourr-

rie infenfiblement dans la matrice de la terre par
la chaleur du feu central, & s'augmente comme
cela peu à peu, iufqu'à ce qu'elle foit venue à fa
perfection) tout de mefme qu'il arriue dans les
vegetaux & dans les animaux, dont la femence
eftant receuë dans vne matrice conuenable, elle
commence d'abord à prendre de là fon accroiffement, iufqu'à ce qu'ayant rompu tous obfta-
cles, elle ait acquis la forme parfaite à laquelle
elle eft deftinée. Les metaux donc font diuerfifiez
felon la pureté ou impureté du lieu ; car la femence de tous les metaux & de tous les mineraux eft la mefme; mais la diuerfité du lieu où ils
font engendrez, & autres accidens caufent leur
difference. Comme nous prouuerons cy-apres.

Plufieurs trouueront eftrange ce que ie dis
qu'il y a vn lieu ou milieu de la terre, que rien
ne peut penetrer ny paffer outre, mais que tout y
eft arrefté; le pefant demeure, & le leger rebrouf-
fe chemin. Laquelle opinion il eft neceffaire que
i'explique en peu de mots. A la creation du monde, auant que les élemens fuffent feparez du cahos, Dieu voulât faire leur feparation eftablit vn
lieu propre & particulier pour le plus pefant d'en
tr'eux, à fçauoir la terre ; ce qui fut fait en fort
peu de temps, Car les chofes pefantes, à fçauoir
toute la terre, s'alla coller à fon point marqué &
deftiné, d'où fut fait ce globe fur lequel nous ha-
bitons. Ce qui eftoit en fuite de plus pefant apres
la terre, comme l'eau, fe fepara des autres élemens, & enuironna la fuperficie de la terre auec
laquelle elles ont vn mefme centre ; en telle forte
que fi la terre n'eftoit point, l'eau enuironne-

roit immediatement ce point ou cét aimant esta-
bly pour les choses pesantes. Mais parce que la
terre est plus pesante que l'eau, elle occupe ce
lieu auec iustice, & porte les eaux sur son dos.
Dieu separa de mesme les autres élemens ; le feu
comme le plus leger, fut placé au lieu le plus re-
culé du centre des choses pesantes ; l'air vn peu
moins leger tint le milieu entre l'eau & le feu.
Dieu plaça en sorte ces 2. élemens, l'air & le feu,
afin que se touchant ils circulassent ensemble
continuellement, se soûtinssent, & r'animassent
l'vn l'autre, iusqu'à ce qu'estant tout-à-fait re-
sous ils viennent en leur premier neant duquel
ils sont sortis. Car le feu ne sçauroit brûler sans
l'air, ny l'air se conseruer sans l'eau, ny l'eau se
nourrir sans la terre ; ny la terre comme estant
morte de soy-mesme produire quelque chose, si
l'élement du feu ne l'engraissoit plutost spirituel-
lement de sa femence, laquelle en suite deuient
corporelle & sensible dans la matiere de la terre,
comme il est necessaire pour toutes les choses qui
croissent.

Or afin qu'on ne croye pas que ce soit vn conte ce que ie viens de dire, que la terre a son centre au delà duquel rien ne peut passer, & auquel
les rayons celestes venât à tomber sont resserrez
& repoussez ou refléchiz, se subtiliant & disti-
lant par toute la terre ; d'où vient la production
de tous les metaux & les mineraux à l'aide de
l'eau & de la terre qui leur donnent vn corps ; Il
faut sçauoir que cette philosophie peut estre
démontrée par des raisons inuincibles, & que ie
ne tiens pas seulement cette opinion, mais plu-

fieurs autres auec moy, entre lefquels le fameux
Sendiuogius n'eft pas des moins confiderables,
ayant écrit qu'il y a vn lieu vuide au centre de la
terre, auquel rien ne peut repofer. Ce qui fem-
ble mefme eftre éuident par la raifon naturelle.
Car il faut qu'il y ait au milieu de ce point vne ef-
pece vuide, auquel toutes les vertus des aftres
foient iettées, agiffant mutuellement entre-elles,
& excitant vne extréme chaleur, vn mouuement,
& flus continuel, ne fouffrant pas que rien demeure enclos dedans ce lieu, duquel les verrus
aftrales eftant repouffées reculent & remontent
vers la fuperficie de la terre, & fe ioignant par
le chemin à vne fubftance humide & terreftre,
produifent le metal. Il ne faut pas s'eftonner
qu'il y ait vne extrême chaleur dans ce lieu ; puis
que tous les aftres, le ☉ la ☽ auec les autres planetes, & vn nombre infiny d'eftoilles y iettent à
l'enuy leurs rayons : quand on ne confidereroit
que le ☉ feul qui eft 64. fois plus grand que la
terre, fans parler d'vne infinité d'autres grands
aftres qui iettent leurs influences dans le fein de
la terre où ils ramaffent leurs forces, les rendent
manifeftes & efficaces, quelle puiffante chaleur
ne deuroit-il pas exciter dans ce lieu ? Confidere
la force d'vn petit nombre ou affemblage de
rayons du ☉ par le moyen d'vn miroir ardant,
qui les ramaffe & les vnit en vn point. Car vn
petit miroir bien fait, bien proportionné & poly
eft capable de brûler du bois ou autre matiere
combuftible. S'il eft vn peu grand, il fondra le
plomb & i'eftain, & plus grand encore il fondra
le cuiure, & ramoitira auffi le fer pour eftre for-

gé sur l'enclume. Si doncques l'experience nous
montre, qu'vn petit monceau de rayons ramaffez peut fondre les metaux, reduire en fumée le
♃, l'antimoine, l'orpiment, l'arfenic, & autres
femblables metaux cruds, non meurs & volatils,
que fera-ce des milliers innombrables de tous
les rayons du ☉ ramaffez au centre de la terre,
fans parler de ceux que les autres aftres y contri-
buènt? Certainement il n'y aura rien d'affez fixe
qui puiffe refifter à cét incendie, comme en effet
rien n'y refifte. C'eft pourquoy ce point eft ne-
ceffairement vuide auquel rien ne peut repofer
ny demeurer.

Tu diras que ie t'en conte beaucoup, mais que
ie ne prouue rien. Car qui a iamais efté en ce lieu
là pour voir cette grande concauité? à cela ie réponds, qu'encore qu'il n'y ait point de témoins
oculaires de ce que ie propofe, toutefois la philofophie naturelle donne des preuues affez puif-
fantes pour démontrer qu'il y doit auoir vn tel
lieu. Car perfonne ne nie que le ☉ & les autres
eftoilles, ne faffent le tour de la terre, & ne luy
impriment ou iettent leurs rayons. Cela eftant
accordé, comme tout homme de bon fens auoü-
ra touhours, il faut conceder en fuite que ces
rayons chauds & inuifibles pouffent touhours
auant de leur propre mouuement naturel, iufqu'à
ce qu'ils foient arreftez en quelque endroit, &
ne puiffent paffer outre; ce qui arriue au centre
de la terre : ou bien il faut donner vn démenty à
tous les Philofophes, qui difent d'vn commun
accord, que la chaleur eft touhours portée en
auant, & n'a point fon mouuement en derriere.

En voicy vn exemple bien clair. Mets des charbons ardens sur vne lame de fer ou de cuiure, &
lors que le dessous de la lame commencera de
s'échaufer, oste les charbons, & mets la main
par dessus la lame, tu la trouueras beaucoup plus
chaude que par dessous : quelque temps apres
que la chaleur aura eu le temps de passer &
de penetrer, mets derechef la main par dessous, &
tu trouueras cette partie beaucoup plus chaude,
que celle de dessus où auoit esté le charbon. Ce
qui prouue assez que la chaleur auance rousiours,
& n'a iamais son mouuement en derriere. Ainsi
bon gré, mal gré que tu en aye, tu confesseras que
la chaleur astrale de mesme n'arreste pas à la superficie de la terre, mais penetre iusques à son
centre.

Tu me feras cette obiection. Comment se
peut-il donc faire que toute la terre ne soit pas
échaufée, puisque les rayons du ☉ descendent
iusqu'au centre, ou du moins que n'est-elle aussi
chaude par tout, comme à la superficie? Car les
Mineurs trouuent par experience que descen-
dant dans la terre creusée, elle n'est point chaude, & ne montre aucunes traces des rayons du
☉? A cela ie te réponds, que les rayons du ☉
estant dispersez, n'agissent, & n'exercent leur
force qu'aux lieux où ils sont ramassez & rendus
sensibles, comme il se voit sur la superficie de la
terre, de laquelle à cause de son épaisseur & de la
dureté des pierres & des rochers, ne laisse pas de
passage libre aux rayons ; d'où vient que la chaleur est redoublée, en sorte que bien souuent il
arriue que des morceaux de bois tombez par ha-

zard sur des rochers s'allument & s'embrasent par la seule ardeur & reflexion des rayons du ☉ qui y sont receus. Ce qui n'arriue iamais dans l'air pour proche qu'il puisse estre du ☉, parce qu'il est rare & ne peut pas arrester & reflechir les rayons. Ainsi plus on monte haut en la region de l'air, & plus on sent de froid. Tellement que les montagnes les plus hautes, mesmes dans les climats les plus chauds, sont couuertes de neige & de glace au dessus, pendant que leurs valons, quoy que plus éloignés du ☉ se trouuent échaufez & produisent mille sortes de fruits. Ce qui prouient de la reflexion des rayons qui se fait en bas dans les valons. & ne peut se faire au sommet des montagnes.

Ces rayons du ☉ qui se trouuent ioints & multipliez sur la superficie de la terre par le moyen de la reflexion venant à penetrer dans la terre, s'affoiblissent insensiblement, & viennent enfin dans leur premiere simplicité; d'où vient que les parties du globe terrestre vn peu trop éloignées du centre, n'ont pas en elles plus de chaleur que l'air le plus haut & le plus éleué. Que si quelqu'vn pouuoit aller vers le ☉, il sentiroit peu à peu que la chaleur s'augmenteroit à mesure qu'il en approcheroit, en sorte qu'il la trouueroit extreme quand il y seroit paruenu. Il en est de mesme de la terre dont les parties qui se trouuent entre le ☉, & le centre, où tous les rayons du ☉ sont ramassez, ont moins de chaleur que les autres parties, qui approchent dauantage de l'vn ou de l'autre de ces extremes.

La preuue & la démonstration de cecy se voit

clairement aux iours d'Esté les plus chauds , ausquels les vapeurs aqueuses venãt à estre portées
par le vent vn peu plus haut en l'air qu'à l'ordinaire , elles viennent à se conuertir en gresle , &
en glace , par le moyen du froid qu'elles y trouuent. Si doncques la moyenne region de l'air
n'estoit extremement froide , comment se feroit
cette coagulation , & congelation de la nuë ? Et
qui peut sçauoir la grandeur du plus grand froid
qui se trouue dans les parties de l'air qui tiennent
le milieu. Le froid sans doute y est tellement ex-
cessif , qu'aucun animal n'y sçauroit subsister vn
seul moment ; mais d'abord conuerty en pierre.
Comme nous experimentons souuent que les
exalaisons terrestres estant portées iusqu'à la
moyenne region de l'air , elles s'y coagulent &
conuertissent en pierre , de sorte qu'on a veu bien
souuent pleuuoir des pierres , qui pesent des li-
ures entieres , & non seulement des pierres , mais
encore a-t'on veu tõber de grands morceaux de
metal , qui representoient la forme de plusieurs
gouttes d'eau collées ensemble. On peut voir
plus au long de pareilles histoires dans plusieurs
Autheurs. Il est donc constant que les rayons du
☉ ne produisent point de chaleur dans les endroits où ils ont le passage libre ; mais quand ils
viennent à trouuer de la resistance , & à rencon-
trer vne matiere dure & solide , ils excitent de la
chaleur plus ou moins selon que la resistance est
plus grande , & la matiere plus épaisse. Ainsi le
bois ne reçoit pas vne si forte impression de chaleur comme la pierre , ny la pierre comme le
metal , selon que l'vn est plus dur que l'autre , &

se trouue auoir moins de pores pour laisser passer les rayons, le propre de la chaleur estant (comme nous auons dit) de pousser tousiours en auant tant qu'elle ne trouue pas de resistance, & de ne s'en retourner en arriere qu'auec beaucoup de peine. L'exemple, & la preuue de cecy se voit, & dans le feu commun de la cuisine, & dans le feu du ☉, & dans celuy de la foudre. Car si quelqu'vn a quelque piece d'argent ou autre metal à la poche, & qu'il arreste quelque temps auprès du feu, il trouuera que la chaleur ayant passé facilement les habits s'est arrestée & augmentée dans ce metal, y trouuant plus de resistance ; en sorte qu'à peine le pourra-on tenir à la main, quoy que les habits beaucoup plus proches du feu ne soient gueres chauds. Il en est de mesme du foudre, dont le feu partant auec vne vitesse extreme n'a pas le temps, ny le moyen de chercher les trous & les pores d'vn corps solide, pour passer peu à peu ; c'est pourquoy il brise tout ce qui luy fait resistance, sa nature n'estant pas de rebrousser chemin, d où vient qu'il fondra quelquefois vne espée dans le fourreau, sans toucher & sans alterer le fourreau, où il n'a point trouué de resistance. Ainsi donc le feu trouuant de la resistance à l'espée ou à vn autre corps, force & détruit l'élement le plus foible. Car le feu seul est le plus puissant de tous les élemens, incapable de ceder aux autres trois, lesquels sont obligez de ceder à la force que Dieu luy a donnée dés sa creation.

Ie fay le mesme raisonnement de la chaleur du ☉, de la ☽, & des autres astres, & de leurs vertus

cachées

cachées, à sçauoir qu'elles pouffent toufiours en auant iufqu'à ce qu'elles trouuent de la refiftance, alors elles s'arreftent, fe ramaffent, & font contraintes de rebrouffer chemin, cherchant vn lieu où elles puiffent fe repofer & deuenir corporelles. Car la chaleur centrale de la terre eft extreme, & ne fouffre rien dans fon centre, mais à l'inftant qu'il y vient quelque chofe, elle la repouffe tout autour vers fes parties humides & poreufes de la terre, où les rayons eftant fublimez & cachez, prennent vn corps fenfible, auancent d'vne forme en vne autre, iufqu'à ce que ne trouuant point d'empefchement ils foient cuits dans la perfection metalique.

Qu'on ne croye pas pourtant que i'entende parler par ce feu central de la terre, du feu du Purgatoire, deftiné pour le tourment des Ames malheureufes; ie ne connois point du tout ce lieu là, ny ne me foucie d'en fçauoir rien. Le lieu que ie décrits eft de la recherche de la philofophie naturelle; de l'autre la fainde Efcriture en a parlé, lequel ie laiffe auec les Theologiens pour en épouuäter les impies. Car veritablemét il y a des peines referuées pour les méchans, que perfonne ne méprife point ces menaces, Dieu eft iufte, & ne veut point eftre mocqué; il viendra & mettra fin à toutes chofes, lors que le monde qui eft fi corrompu & fi peruerty y fongera le moins.

Puifque nous fommes tombez fur le difcours du feu du Purgatoire, ie ne fçaurois m'empefcher d'examiner vn peu les opinions foibles, & friuoles, de certains faux Docteurs fur cette matiere. Il fe trouue plufieurs montagnes qui iet-

B

tent grande quantité de flamme, de fumée, de
cendres, & de caillous. Dans l'Europe se trouue
Mont Gibel en Sicyle, en Islande, cela proche
de Noruegue, le Vesuue proche Naples, & plusieurs autres en d'autres parties de la terre ; dont
les vnes à diuers temps, & les autres continuellement bruslent & fument. Ces lieux passent
dans l'esprit de plusieurs personnes pour des che-
minées d'Enfer, ou de ce lieu auquel Lucifer a
esté precipité auec tous ceux de son party, à cause de son orgueil, & où les damnez sont tour-
mentez : Mais cela ne peut estre conforme à la
verité, parce que ces montagnes bruslantes ont
vne cause naturelle de leur incédie, connuë pourtant de peu de personnes? Il faut donc sçauoir
qu'il se trouue en certains endroits des môtagnes
entieres de soulfre, lesquelles estant alumées, ou
par le feu central, par la foudre, ou par quelque
autre accident, il faut necessairement qu'elles
bruslent. Et lors qu'elles ont vne fois commencé, personne ne peut esteindre ce feu, à cause de
sa grandeur & du danger qu'il y a de s'en appro-
cher. Estant donc laissé en sa liberté, il brusle &
mine continuellement, pource qu'il ne manque
pas de matiere.

Que si quelqu'vn s'estonne de ce qu'il y a
de ces montagnes qui bruslent depuis des siecles
entiers, voire mesme depuis plus de mille ans,
selon les memoires & les traditions que nous en
auons ; qu'il sçache que cela se peut faire facilement, non seulement à raison de la grandeur de
la montagne qui est remplie de bitume, de soulfre, & choses semblables; mais encore à cause du

mouuement continuel des astres, lequel repare
incessamment cette perte & consomption de
matiere, n'engendrant pas seulement des mineraux, mais aussi toute sorte de matiere com-
bustible, par le moyen de laquelle ce feu s'augmente & s'entretient.

Ils pretendent encore de prouuer leur opinion sur ce qu'ils disent qu'en certains temps on
entend proche de ces montagnes des gemissemens & des hurlemens, que le peuple simple &
credule s'imagine partir des ames damnées: mais
ce sont des contes de vieille; & l'on n'entend
ces gemissemens qu'alors que la montagne fait
effort pour ietter vne quantité extraordinaire de
flamme : hors de cela elle brusle & fume sans
bruit fort paisiblement. Les habitans du lieu dés
qu'ils entendent ces gemissemens & ce bruit, sçauent fort bien qu'ils auront bien-tost vne mois-
son de cendres, de feu, & de pierres, & taschent
de se mettre à couuert. Souuentefois prés
de ces montagnes, les habitans apprestent quantité de soulfre pour l'vsage commun des hommes, & en gagnent leur vie. Pour ce qui est de ces
gemissemens, ce n'est autre chose que le feu qui
fait effort pour passer à trauers des rochers & des
conduits fort étroits.

Ils disent encore qu'autour de ces montagnes
brulantes, on voit souuent paroistre des spectres
& des esprits. Cela est vray, ie l'auouë, & fondé mesme dans la nature : mais on ne prouuera
iamais que ces esprits soient des demons infernaux, puisque ailleurs aussi on voit paroistre de
tels esprits dans les entrailles de la terre, qui

bleſſent ſouuent les Mineurs, quelquefois les tuent, les eſtropient, ou les empoiſonnent, d’autrefois ils ne font point de mal, mais les regardent trauailler paiſiblement; ſe joüent des inſtrumens des Mineurs, & leur aydent meſme quelquefois dans leur trauail. Ces eſprits paroiſſent en pluſieurs formes, tantoſt en forme d’vn cheual, d’vn chien, ou d’autre animal; tantoſt en forme d’vn petit homme voûté, ſouuent auec le froc & l’habit de Moine. Tels eſprits ſont pour l’ordinaire les marques d’vne grande felicité & d’vne extreme richeſſe de la mine. Souuent ils ſont fort méchans, étoufent les Mineurs par des mauuaiſes exhalaiſons, ou les precipitent dedans des puits, & ſont cauſe qu’on a eſté contraint d’abandonner pluſieurs mines tres-bonnes & tres-fertiles, parce que le threſor en eſtoit gardé trop opiniaſtrement par ces eſprits.

On les nomme Pigmées, ou petits hommes terreſtres, & ne ſont point du tout eſprits infernaux, mais eſprits terreſtres qui font des choſes merueilleuſes deſſous la terre. Ainſi dans ces montagnes bruſlantes il y peut auoir des eſprits ignées, de meſme qu’on tient auſſi qu’il y a des eſprits d’air & d’eau. Ce n’eſt pas que perſonne nie que le demon ne ſe meſle bien ſouuent auec ces eſprits élementaires pour dreſſer des embuſches aux hommes: car il eſt touſiours comme vn lyon rugiſſant qui ſe promene cherchant quelqu’vn pour le deuorer, contre lequel il ſe faut armer de veilles & d’oraiſon, ſelon le precepte de ſainct Pierre.

Que cecy ſoit dit par parantheſe touchant les

esprits, tant ceux qui sont autour des montagnes bruslantes que ceux qui habitent dedans les mines & se laissent voir en plusieurs figures. Ie reuiens maintenant à ma proposition, sçauoir que le feu qui sort de ces montagnes bruslantes n'a rien de commun auec le feu central ou infernal, mais qu'elles iettent vn feu grossier & materiel. Ce que ie prouue en cette sorte.

Premierement, ces montagnes de temps en temps, cessent de flamber, & ne iettent que de la fumée, tantost plus, tantost moins. Quelquefois elles s'esteignent tout-à-fait faute de matiere à brusler. Mais le feu central ne peut iamais se diminuër ny s'esteindre pendant le temps que le Soleil & les Estoilles luisent & iettent leurs vertus au centre de la terre; de mesme que le feu d'Enfer, dont parle la saincte Escriture, ne s'éteindra iamais. Le feu donc de ces montagnes pour si violent qu'il soit, n'est ny le feu central ny le feu d'Enfer; mais il est vn feu purement materiel qui croist & décroist, & se perd enfin faute de matiere. De plus le feu de ces montagnes n'est pas chaud extraordinairement, mais est pour la pluspart remply de fumée, & la terre tout autour enuiron mille pas est fort chaude, en sorte qu'on ne peut pas marcher dessus sans se brusler. Les eaux qui passent par dessus ces montagnes, ou qui en sortent, sont toutes boüillantes, & sentent le soulfre qu'elles contiennent en abondance.

Outre ces montagnes bruslantes & fumantes, il se trouue des antres & des cauernes qui ne iettent ny flamme ny fumée; mais poussent seu-

lement vne grande chaleur, qui est vne autre es-
pece de feu duquel il est traicté dans les Chroni-
ques des Metaliques, où il est rapporté entre
autres choses qu'il se fit vn grand trou dans vne
montagne, lequel iettoit vne grande chaleur, &
donnoit seulement de nuit quelque petite & fertile clarté, & de iour on ne remarquoit qu'vne
exhalaison chaude.

La curiosité prit là dessus vn Moine d'y ietter
vn vaisseau de cuiure attaché au bout d'vne chai-
ne de fer, croyant d'en retirer de l'or tout fondu;
mais dés que le vaisseau eut touché le feu il
fondit en vn moment, & le Moine ne retira
que sa chaisne. Il ne fut pas pourtant satisfait de
ce seul essay, il y plonge en suite vn pot de fer au
bout d'vne grosse chaisne de fer; mais il ne retira
que sa chaisne, & encore y en laissa-il vne bon-
ne partie, laquelle fut bruslée auec le pot dans
vn moment comme de la paille, & s'en alla à
mesme temps en fumée, auec vn bruit si épou-
uentable que le Moine eust peine à se sauuer. Or
ce feu si violent que dans vn moment il redui-
soit vn pot de fer en fumée, ne pouuoit pas estre
le feu commun & materiel, parce qu'il iette
de la fumée, il faut donc dire que c'estoit vn feu
purement astral & celeste.

Ceux qui trauaillent aux mines sçauent assez
que le feu central pousse en haut à trauers les cauernes des montagnes où il produit les metaux
& les meurit; de telle façon que plus ils descendent bas, plus ils sentent de chaleur, laquelle ne
prouient pas entierement de l'action des mineraux qui y croissent; mais pour la plus grand

part elle prouient du feu central, & le feu central vient des aftres. Or de quelle façon les aftres engendrent ce feu central, & ce feu central engendre les metaux & les mineraux, ie vay l'expliquer aux ignorans le plus briefuement qu'il me fera poffible.

Nous lifons dans la Genefe que lors que Dieu fit le monde, il tira premierement du cahos les élemens, leur affigna vn lieu à chacun, & vn office particulier. Or de quelle maniere ils font conferuez par vne circulation continuelle, & comme quoy toutes chofes en font engendrées, la Philofophie naturelle nous l'enfeigne; il n'eft donc pas neceffaire de le traicter icy au long, & ie me contenteray d'expliquer briefuement la naiffance & l'origine des metaux, autant qu'elle m'eft connuë, à fçauoir de quelle façon le genre metalique tire fon origine des elemens, fon accroiffement, fon augmentation, & enfin fa perfection.

I'ay montré cy-deuant comme quoy l'element du feu à fçauoir le ☉ la ☽, & les autres aftres, enuoyent leurs vertus inuifibles & leurs rayons de feu iufqu'au centre de la terre, où ils font ramaffez, caufant vne extreme chaleur, & ne fe pouuant arrefter dans ce lieu, font reflechis & difperfez dans tout le globe terreftre, où ils font ces belles productions des metaux & des mineraux; de quelle façon cela ce fait, ie vay l'expliquer en peu de mots.

Toute chofe fpirituelle de quelque corps qu'elle ait tiré fa naiffance, eftant inuifible & impalpable, d'elle feule il ne s'en peut rien faire;

mais elle demeure touſiours eſprit , iuſqu'à ce qu'elle rencontre quelque ſuiet où elle s'atache, s'vniſſe, & prenne vn corps par ſon moyen, pur ou impur, ſelon la pureté de l'eſprit & de la matiere. L'eſprit tient le lieu de ſemence, le ſuiet, on matiere, répond à la terre, ou à la matiere dans laquelle il eſt cuit, & conuerty en vn corps conforme à ſa nature.

Il faut remarquer que la conception & la generation des metaux, eſt fort differente de celle des vegetaux & des animaux: car en pluſieurs vegetaux qui ſont deſia parfaits, la nature pour propagation de l'eſpece prepare vne ſemence qui eſt la partie la plus noble de la plante; laquelle ſemence eſtant miſe en terre au Printemps, vient à produire vne autre terre toute pareille à la premiere, qui pouſſe derechef vne nouuelle ſemence, ce qui continuë touſiours. Que s'il y a quelques herbes qui ſe multiplient par racine, & non par ſemence, la racine ſert de ſemence à ces herbes, & celles qui naiſſent ſans ſemence, & ſans racine, naiſſent par la vertu des elemens qui ont la faculté d'engraiſſer la terre d'eux-meſmes, & de faire naiſtre toute ſorte de plantes. Il en eſt de meſme des animaux, les vns ont leur propre ſemence, les autres ſont engendez des elemens immediatement par le moyen de la putrefaction.

Les mineraux s'engendrent pareillement en ces deux façons, à ſçauoir par l'impregnation vniuerſelle faite par les aſtres au commencement de la creation du monde, & l'autre par l'impregnation iournaliere. Et comme la pre-

miere generation des animaux & des mineraux
eſt beaucoup plus noble que l'autre generation
accidentelle & iournaliere ; de meſme en eſt-il
des mineraux. Car comme il y a des vegetaux
qui acquierent plutoſt leur perfection les vns
que les autres, & meurent auſſi plutoſt ; de meſme les metaux & les mineraux plus viſte ils
croiſſent, & plutoſt ils meurent, & tout au contraire. Comme l'animal raiſonnable & mobile,
ſurpaſſe mille fois le vegetable en fixité & nobleſſe ; de meſme le mineral ſurpaſſe en fixité l'a-
nimal. Et lors que les vegetaux, les animaux &
les mineraux viennent à ſe corrompre & détrui-
re, retournant dans le neant, dans cette diſſolution, chaque élement reprend ce qui luy appar-
tient ; les aſtres retirent l'eſprit ; la terre, le corps
qu'elle auoit donné ; & chaque principe retourne
à ſon principe, dont il eſtoit ſorty au commencement. C'eſt de cette façon que toutes choſes
meurent & ſe regenerent continuellement ſelon
l'experience iournaliere.

Ie parle icy en Phiſicien & Philoſophe naturel, & ne pretends pas d'enfermer dans ce diſ-
cours l'ame raiſonnable, laquelle partant de
Dieu immediatement, eſt par conſequent im-
mortelle, n'ayant ny ſa naiſſance, ny ſa mort
commune auec le reſte des choſes, leſquelles
eſtant engendrées des élemens, meurent dans la
diſſolution de leurs principes, & ces principes
periront auſſi à la fin. Hors de cela les metaux
l'emportent en nobleſſe & perfection ſur toutes
les autres productions de la nature. Car tout ce
qui produit en peu de temps, meurt auſſi en peu

de temps, & n'est de longue durée, comme les
vegetaux & les animaux; mais les metaux de-
meurent long-temps à estre produits, & subsi-
stent aussi long-temps. C'est pourquoy ils sont
les plus fixes & les plus nobles de tous les trois
regnes vegetal, animal, & mineral.

Quelqu'vn me dira que i'estime extremement la nature des metaux, & que les animaux
qui viuent & se meurent, approchant de plus
prés de la nature de l'homme, sont bien plus nobles; mais c'est vne opinion qui ne prouient que
de l'ignorance & peu de connoissance qu'on a
des mineraux, animaux & vegetaux. On ac-
querra cette connoissance, quand on aura bien
compris comme quoy le monde est vn animal,
& a esté appellé tel par les anciens & par les mo-
dernes Philosophes. Or entre le monde qu'on
appelle Macrocosme, c'est à dire, grand monde,
& l'homme qui est appellé Microcosme, c'est à
dire petit monde, il y a vne parfaite ressemblan-
ce; car tout ce qui est dans le macrocosme se
trouue aussi parfaitement dans le microcosme,
cóme tous les Philosophes ont démótré, & seroit
inutile icy de le repeter. Ie diray seulement cecy
en passant, qui regarde le suiet que nous trait-
rons; à sçauoir, que si la terre est vn grand animal, & comparable à l'homme, il faut qu'elle
viue aussi & se meure, iouïssant des mesmes ad-
uantages que l'homme. On remarque premierement dans l'homme les sept membres princi-
paux, le cœur, le cerueau, le foye, le poulmon,
& le reste. Il a en suite du sang, des os mols &
dures, des muscles & des ligaments que l'ana-

tomie démonstre. Il est couuert de poil au dehors, dans lequel se trouuent souuent des poux, & des puces; il faut que la mesme chose se trouue dans le monde, puisque c'est vn grand animal, lequel rapport, ie passe icy sous silence, par ce qu'il est amplement démonstré par plusieurs autres. Ie prouueray seulement icy que les vegetaux & les animaux peuuent estre comparez auec les metaux.

Celuy qui accordera qu'vn sang tres-bon & tres-pur, qui est le siege & le domicile de la vie est plus excellent & plus noble que les cheuaux & les insectes qui s'y nourrissent, aduoüera aussi que les metaux sont plus nobles que les arbres & toute sorte de vegetaux, qui sont la derniere des animaux : Les metaux sont la plus precieuse partie du monde, tirant leur origine du cœur venant du feu central. Car le feu central excité & allumé par les astres superieurs, répond au cœur des animaux, lequel est rousiours en haut, & conserue le corps par le moyen des esprits chauds & viuifians. Et comme le sang des veines est épandu par tout le corps pour le conseruer, ainsi les metaux sont épandus dans la terre. Car si le feu du cœur terrestre central n'enuoyoit ses esprits qui sont extremement chauds par toute la terre pour l'échaufer, toutes choses seroient mortes & steriles & ne se feroit aucune generation. Or la terre est fertile d'arbres, de fruits, & d'herbes pour la nourriture des animaux, & les vegetaux & les animaux qui s'en nourrissent, sont la derniere & la plus vile partie de ce grand animal. Pour les metaux, ils representent le

meilleur sang: car, comme les veines sont épan-
duës dans tout le corps, estant plus grosses dans
le tronc, duquel sortent plusieurs rameaux qui
deuenant insensiblement plus minces & deliés,
representent par tout le corps la forme d'vn
arbre: La mesme chose font les metaux dans le
ventre de la terre. Pour ce que les vertus des
astres estant descenduës iusqu'au centre de la
terre, & n'y pouuant pas s'arrester à cause de la
chaleur excessiue, elles en sont repoussées & reflechies de toutes parts vers la circonference, où
ils forment les metaux par le moyen d'vne humidité solide & compacte. Ces metaux s'épandent
en mille rameaux par toute la terre, comme des
arbres, en sorte que bien souuent le sommet de
ces arbres metalliques s'estend iusqu'à la superficie de la terre, & se laisse voir, principale-
ment s'il arriue quelque grande inondation au
hault des montagnes, qui emporte vne partie de
la terre, & découure à nud les veines solides des
metaux.

Il y a encore plusieurs autres moyens par lesquelles les mines metaliques viennent à estre
découuertes; tels que sont les grands embrase-
mens, lors que tout vn bois vient à se brusler par
la negligence d'vn pasteur qui y a mis le feu sans
y penser, alors la terre s'ouure à cause de la chaleur excessiue, & le metal estant fondu sort, &
se découure. Souuentefois aussi il se découure
par de grands tremblemens de terre, souuent en
creusant des puits, ou labourant la terre; souuent les vaisseaux passant par les mines emportent du sable metallique, & donnent occasion

d'en chercher la racine. Souuentefois par le moyen des animaux. Car vn cheual venant à battre du pied ſur vne montagne, peut découurir la veine, comme il eſt arriué autrefois à Ramersbergue. D'autrefois des pourceaux en cherchant du gland, ont découuert des mines. Ou bien quelquefois le metal tout pur s'eſleuer hors de la terre, & c'eſt de cette façon que la mine tres-riche de Kuttemberg en Boheme a eſté découuerte par vn Moine, lequel ſe promenant dans vn bois, ayant rencontré vn petit chalumeau d'argent qui ſortoit hors de la terre, y laiſſa ſon froc deſſus pour marque, & fut en aduertir ceux de la maiſon. Souuentefois auſſi de grands orages venant à deſraciner des arbres tous entiers, découurent les endroits où les mines ſont cachées.

On en peut iuger auſſi par de petites flammes bluatres, qui s'allument & voltigent deſſus la terre. La raiſon de cela eſt, que les petites vapeurs ſulphurées, qui s'éleuent continuellement des mines, s'allument par la chaleur de l'air, & ces meſmes vapeurs ſulphurées ſont cauſe que l'herbe qui croiſt en ces endroits eſt plus greſle, plus ſeiche, & plus deliée; que les arbres ſont plus petits, ont leurs fueilles plus minces & plus paſles qu'à l'ordinaire des autres lieux. La meſme où la neige, la roſée & la greſle ſe fondent, & diſparoiſſent plus viſte; C'eſt vne marque qu'il y a des mines metaliques, dont les vapeurs chaudes venant à monter deſeichent ainſi la ſuperficie de la terre.

Les mines metaliques peuuent eſtre auſſi découuertes par la vertu d'vne verge de Coudrier; en voicy le procedé dont i'ay souuent fait experience. Fondez les metaux sous certaine côstellation, & en faites vne boule troüée par le milieu, dans le trou fiché vn reietton de Coudrier de l'année, & qui n'ait point de branches, portez cette verge estenduë droit deuant vous parmy les lieux où vous croyez qu'il y ait du metal, & lors que la verge se flechissant, la boule viendra à s'abaisser vers la terre, ce sera vn signe qu'il y a du metal là dessous; ce procedé est tres-veritable, & comme il a son fondement dans la phisique, il est preferable à toutes les autres façons de découurir les metaux. Ne vous estonnez pas de cecy, puis qu'il y a tant de choses qui nous sont cachées. Qui sçait la raison pour laquelle l'aimant attire le fer, & l'ambre échaufé attire le sel, & les autres vegetaux ? La terre est toute pleine de merueilleux & incomparables secrets que nous deuons diligemment obseruer.

Les Autheurs sont fort differens touchant les causes de la diuersité des metaux. Ils en donnent diuerses raisons. Les vns disent qu'il n'y a que 7. metaux, parce qu'il n'y a que 7. planetes qui les engendrent. Ils donnent le plomb à ♄; l'estain à ♃: le fer, à ♂: l'or au ☉: le cuiure à ♀: l'argent vif à ☿: & l'argent à la ☾. Mais cette opinion ne semble pas vray sêblable. Car de quelle façon chaque planette chercheroit-elle son lieu propre, & particulier pour y ietter sa semence, & produire son metal, puisque nous ne trouuons iamais dans la terre aucun metal tout seul & sans meslange des autres ? Car iamais la mine de

plomb n'eſt ſans argent; la mine d'eſtain, ſans or
& ſans argent, la mine de cuiure & de fer contient touſiours en ſoy de l'argent, & quelquefois de l'or. Iamais l'or n'eſt ſans argent ou ſans
cuiure; l'argent eſt rarement ſans or & ſans mé-
lange des autres metaux. Que ſi chaque planete
en particulier engendre ſon propre metal, d'où
vient le meſlange des autres? On ne pourra tenir
cette opinion que des metaux qui ſe trouuent
ſeuls dans les veines, ou qui ſe trouuent en petits
grains parmy le ſable. I oſte de ce nombre les
metaux qui ſe trouuent quelquefois 2. & 3. ioints
enſemble : chacun pourtant dans ſa propre veine, mis les vns ſur les autres, ſouuent meſme ils
s'entrelaſſent & meſlent enſemble, ne faiſant
qu'vne meſme veine, & en ſuite ſe ſeparent en
pluſieurs petites branches. Mais ſi chaque planete produiſoit ſon propre metal, elle choiſiroit
auſſi ſon lieu propre & particulier, dans lequel
elle ne fut pas interrompuë dans ſon trauail.

Accordons que chaque metal ait ſa planete.
Mais qu'elle eſtoile donnerons-nous au Biſmut,
au Cobolt, à l'Antimoine & au Zeinc, qu'on re-
iette ſans raiſon du nombre des metaux, & qui
ſont toutefois plus metalliques que le Mercure;
puis qu'ils fondent comme les autres metaux, &
ſe trauaillent par la main de l'ouurier à diuers
vſages? Ce que le Mercure ne fait pas. A la verité il ſe trouue quelques metaux ſeuls dans les
veines, comme le plomb & l'argent. L'or auſſi
ſe trouue en pluſieurs endroits ſeparé parmy le
ſable; mais il n'eſt iamais ſans argent & ſans cuiure. Le fer & l'eſtain de meſme ſe trouuent ſou-

uent dans la terre, ou dans le sable en petits grains; mais ils ne sont iamais purs, estant toûjours meslez auecque la pierre. On tire de ces grains vn estain excellent, qui contient beaucoup plus d'or que l'autre estein tiré des mines: parce que lors qu'on laue ces petits lopins d'estain granulez, il s'y mesle plusieurs autres petits grains contenans de l'or, lesquels viennent apres à estre cuits & fondus auec l'estain : ainsi les grains de fer détachez donnent vn fer excellent.

Les Mineurs trouuent bien souuent du Mercure coulant ou enfermé dans vne pierre rouge, lequel il faut reuiuifier ; quelquefois ils trouuent du cuiure en petits grains. Autrement tous les metaux naissent & croissent dans leurs mines, & & dans les veines des montaignes, desquelles on les tire auec de grands trauaux, de grands frais & de grands dangers, en le bruslant, le lauant & le repurgeant. Mais de quelle façon se fait cette preparation ? Quelle est la marque pour connoistre quand elle est bien faite ? Comme quoy est ce qu'il faut chercher les metaux, briser la mine, la lauer, la fondre, & la separer de ces excremens ? Il y a de tres-considerables Autheurs qui l'enseignent amplement, comme Georgius Agricola, & Lazarus Erker.

Ie conclud donc que tous les metaux & demi-metaux ou mineraux prouiennent d'vne mesme semence, mais qu'ils sont diuersifiez par accident en plusieurs especes ; dautant que les vertus des astres estant portées toutes ensemble au centre de la terre, ne demeurent pas seules &

separées,

feparées, mais fe mettant enfemble les vnes auec
les autres, elles font reflechies vers les cauernes
des montagnes, & cherchent vn lieu de repos où
elles fe batiffent vn corps, lequel eft engendré
pur ou impur, felon la pureté ou impureté du
lieu. Ce lieu eft comme la matrice qui reçoit la
femence pour la meurir & pour la cuire. Les
efprits aftraux font comme la femence virile,
laquelle par le concours d'vne terre humide eft
receuë dans les cauernes comme dans fa matrice, où elle eft cuite, nourrie, & conuertie en
diuerfes formes metaliques & corps palpables,
le tout felon la bonté & pureté du lieu. Ce qui
prouue encore que tous les metaux prouiennent
d'vne mefme femence ; c'eft que dans leur commencement ils font encore cruds, meuriffent infenfiblement, & fe perfectionnent tous les iours.
Ce que l'on voit par experience non feulement
deffous, mais mefme deffus la terre. De là vient
que les Mineurs rencontrant vne mine cruë,
comme par exemple de Bifmut ou de Cobolt, ou
de Zeinc, venant à l'examiner à la façon de l'argent, & n'y trouuant rien, difent qu'ils font venus trop toft, & apres auoir expofé la mine à
l'air par quelques années, ils y trouuent quantité d'argent.

Toutes ces raifons prouuent affez que fi la femence des metaux trouuoit vne matrice pure &
propre, qui ne fut point empefchée par des accidens, elle ne produiroit iamais que de l'or,
comme le plus parfait des metaux. Or que ce
foit toufiours l'intention de la nature de pouffer
ce qu'elle a commencé iufqu'à fa derniere perfection, & qu'il n'y ait que l'or qui foit paruenu

à ce fouuerain degré metalique, tous les autres metaux eſtant imparfaits, leſquels il y a moyen de porter à la perfection par le moyen de la vraye chimie ; c'eſt ce que ie démonſtreray amplement dans ma troiſieſme Partie. Que ſi on ne pouuoit pas prouuer comme quoy les metaux imparfaits, peuuent eſtre perfectionnez par le moyen de l'art & du feu, il faudroit vrayement croire pour lors que chaque metal auoit ſa ſemence ou ſa planette appropriée. Mais s'il y a moyen de tirer beaucoup d'argent du plomb aprés quelques digeſtions & coctions, par le moyen des ſels, & meſme d'en tirer de l'or, apres vne plus longue digeſtion, au lieu qu'auparauant ſelon la preuue commune des coupelles il contenoit tres-peu d'argent ; on voit par là éuidemment que la nature ne vouloit pas ſimplement faire du plomb, mais qu'elle vouloit pourſuiure & pouſſer cette matiere iuſqu'à la perfection de l'argent & de l'or. On peut tout de meſme fixer les metaux baſtards, ou autrement mineraux ; comme l'Antimoine, le Cobolt, le Zeinc, le Biſmut & ſemblables ; en ſorte qu'ils donnent de fort bon or à la coupelle. Ce qui s'enſeignera clairement dans la troiſiéme Partie.

Tu vois donc que s'il y a tant de metaux imparfaits, ce n'eſt pas faute de la nature, mais des accidens externes qui l'ont empeſchée. Car ſi l'or n'eſtoit pas en puiſſance dans les metaux imparfaits ; comment l'en pourroit-on tirer par l'induſtrie ? Il n'eſt pas au pouuoir de l'art de creer l'or, ou l'argent ; la nature le peut ſous la terre : mais ſur la terre, elle ne le peut ſans l'aide de l'art. Lors que le Iardinier laiſſe ſei-

cher la femence, & la racine de fes plantes, faute d'arroufer la terre, & de luy donner ce qui luy
manque ; ce n'eft pas la faute de la femence, fi
elle vient à perir contre le deffein de la nature,
c'eft la faute du Iardinier. La nature a bien fouuent befoin d'aide, comme il fe voit dans les
fruicts des animaux & des vegetaux ; pourquoy
les metaux n'auront-ils pas auffi befoin de l'affi-
ftance de l'art & de l'induftrie de l'homme ? Il eft
donc conftant que la nature veut faire de l'or des
mineraux & des metaux imparfaits ; tout de
mefme qu'elle veut faire d'vn enfant, vn homme; & d'vn noyau, vn arbre ; que s'il en arriue
autrement, ce n'eft pas fa faute, c'eft celle des
accidens externes qui l'en ont empefchée.

Ie penfe auoir fuffifamment prouué, comme tous les metaux fortent d'vne mefme femence ou racine, & qu'ils peuuent eftre reduits &
ramenez : que les mineraux peuuent eftre fort
bien comparez aux premiers germes des vegetaux ; les metaux imparfaits, aux plantes qui
font à demy éleuées, & l'or à la femence, ou plu-
toft au fruict acheué dans fa derniere perfection.
Mais cecy fe doit entendre de l'origine & de la
generation vniuerfelle des metaux, dont la plus
grande quantité eft engendrée dans les cauernes
des montagnes, & en eft tirée auec de grands
frais, de grands dangers & de grands trauaux.

L'autre generation des metaux fe fait d'vne
façon toute differente fans femence commune
centrale, mais feulement par la vertu des aftres
fur la fuperficie de la terre, & par cette voye il
ne s'engendre que fort peu de metal. Nous auons
dit que les vegetaux & les animaux s'engen-

droient en deux differentes façons ; il en est de mesme des metaux. La premiere est ordinaire & sensible ; l'autre est rare & insensible. Les plantes sont produites , ou par la propagation de leur semence ou racine , ou elles sont produites toutes de nouueau par la seule influence des astres , & par la vertu des élemens. Comme si l'eau de pluye vient à estre desseichée par la chaleur du ☉ ou de l'air , la terre reste au fonds , laquelle par sa propre vertu naturelle sans le secours d'aucune semence produit diuerses plantes, diuers petits animaux, vermisseaux & mouches. La mesme chose arriue aux metaux : lors que le ☉ ou vn autre astre, agissent sur vne terre humide, les vertus astrales s'assemblent, & estant deuenuës corporelles produisent diuers mineraux & metaux selon la pureté de la matrice ou terre humide ; l'eau estant comme la matrice, & l'astre comme le pere qui répand sa semence.

Il n'est pas possible qu'il s'engendre aucun metal dans le centre de la terre, à cause de la grande secheresse ; mais bien loin du centre où la terre est humide par les eaux qui l'arrousent, ausquelles les esprits se peuuent ioindre, & estre en suite conuertis en metal. Car l'esprit sec ne peut pas se coaguler de soy-mesme, à cause de la seicheresse, il a besoin d'vne matiere propre à luy faire prendre corps, qui est l'eau ; dés aussi-tost que l'esprit soulphreux est meslé en l'eau, ce n'est plus de l'eau commune, c'est le principe & premier ébauchement de la generation metalique, que les Philosophes appellent Mercure : non ce Mercure commun metalique ; mais vne eau visqueuse, que les Chimistes appellent escume fermantante , laquelle eſtant receuë dans vn lieu propre, & entretenuë par vne douce chaleur & humidité centrale , ſe conuertit enfin en metal.

Cette conception donc & cette generation des metaux ne ſe font pas ſeulement ſous la terre, par le moyen des eſprits centraux éleuez en haut: mais elles ſe font auſſi ſur la ſuperficie de la terre, les aſtres venant à ietter leurs inuiſibles rayons ſur vne terre ſubtile & graſſe , ſur laquelle eſtant arreſtez ils deuiennent corporels. Car le feu aſtral ne ceſſe iamais d'enuoyer ſes vertus à la terre & de l'engraiſſer de diuers embrions de vegetaux, mineraux, & metaux , ſelon qu'il trouue la matrice diſpoſée. Et cette impregnation & generation ne ſe fait pas ſeulement dans la terre tres-propre pour la generation des metaux; mais encore dans l'air & dans les nuës. D'où nous voyons qu'il pleut bien ſouuent de petits animaux, comme ſauterelles, grenoüilles , &c. Il y a meſme des hiſtoires dignes de foy, qu'on a veu tomber des nuës iuſqu'à plus de cent pierres , & meſme de gros morceaux de fer malleables, faits en forme de goutes d'eau colées les vnes aux autres. C'eſt ainſi que les cometes & autres ſubſtances ignées , apres auoir eſté éleuées en l'air, venant à eſtre reſſerrées par le froid qui les enuironne, s'allument, bruſlent, & meurent enfin, deſcendant en bas ſur la terre en guiſe d'vne fumée arſenicale, & empoiſonnent la terre de leurs feces, d'où prouient en ſuite vne infinité de maladies. La foudre meſme n'eſt qu'vn nitre ſubtil allumé de meſme auſſi que les pierres qui tombent auec ſi grand bruit. Il eſt par là éuident que le feu central ne fait pas ſeulement des genera-

tions dans les entrailles de la terre ; mais le feu
aftral auffi cherche en l'air & dans les nuës, vn
lieu pour y engendrer des metaux ; or entre tous
les lieux, les plus propres font veritablement les
cauernes de la terre.

Ie fçay bien que touchant la generation de ces
metaux qui fe trouuent fur la terre parmy le fable, il y a plufieurs differentes opinions, mais
elles font prefque toutes erronées. Plufieurs
eftiment que l'or qui fe trouue fur le bord des
ruiffeaux n'a pas efté produit, mais qu'il y
a efté porté des veines ou du haut des montagnes par la force des eaux qui en découlent auec
violence, & cela peut eftre vray quelquefois;
mais que tout l'or qui fe trouue le long des ruiffeaux, y foit porté par les eaux des fontaines qui
découlent des montagnes, cela n'eft pas raifon-
nable ; il y a bien plus d'apparence qu'il a efté
engendré là mefme, puis qu'il s'en trouue en
certains endroits extrémément éloignés de toute forte de fontaines, & qu'il s'en trouue fur le
haut des montagnes parmy la terre & parmy le
fable, où il n'y a iamais eu de fontaine. Tel
qu'eft la plufpart de l'or que les Hollandois
acheptent des Indiens. Il y a eu encore de femblables lieux en Allemagne, à fçauoir des lieux
éleuez & éloignez de toute forte d'eaux ; d'où il
falloit apporter la terre & le fable au bord des
ruiffeaux pour les lauer & pour en feparer l'or.
Et encore auiourd'huy autour des montagnes où
l'on a accouftumé de lauer les grains d'eftain, il
fe trouue parmy ces grains, des grains d'or. La
raifon par laquelle l'or fe trouue plus ordinaire-
ment le long des fleuues & des ruiffeaux, eft par-

ce que l'eau emporte par sa rapidité le sable le
plus leger, laissant les grains d'or comme les plus
pesans; lesquels sont apres lauez facilement &
separez du reste du sable. Or cette sorte d'or qui
se trouue icy en Allemagne & autres lieux, est
rarement sans meslange d'argent & de cuiure, &
n'est pas tousiours fin & pur metal, mais il se
trouue en forme de poudre soulphrée, lequel
soulfre estant bruslé & emporté par la fusion,
cette matiere acquiert la couleur, la mollesse, la
ductibilité, & pureté de l'or. Celuy qu'on ap-
porte des Indes a des grains qui approchent fort
de la pureté; mais de toutes sortes d'or le plus fin
est estimé celuy qui vient de l'Hongrie & de
Transsiluanie, lequel i'ay éprouué aller à la pureté du ducat.

Ie pense auoir suffisamment démonstré comme quoy l'or ne s'engendre pas seulement dans
les entrailles de la terre par le feu central, mais
aussi sur la superficie de la terre, par la vertu des
astres. Et non seulement l'or s'y engendre; mais
encore tous les autres metaux & mineraux, prin-
cipalement le fer & le cuiure, & particulierement le fer, lequel se trouue par tout & abon-
damment enfermé dans certaines pierres rondes
ou faites à angles qui tiennent fort ordinaire-
ment de la nature de l'or. Ce qui est méprisé &
negligé de tout le monde, & à quoy pourtant il
faudroit prendre garde. Telles sont aussi les pierres iaunes ou rouges, qui contiennent de l'or &
du fer ensemble. Car il y a grande familiarité &
amitié entre le fer & l'or, sous laquelle est ca-
chée vn tres-grand secret que i'enseigneray dans
ma troisiesme Partie.

Afin de conuaincre plus fortement les incre-
dules, & de leur faire voir que les metaux s'engendrent fouuent fur la fuperficie de la terre dans
des lieux humides & limoneux, fans l'aide d'aucune femence centrale, ie leur rapporteray l'exemple fuiuant, lequel prouue affez que les aftres
trouuent par fois vne matiere propre à la generation des metaux dans des lieux toufiours humides & marefcageux. En Flandre on creufe tous
les ans de la terre pour brufler à la place du bois;
elle eft appellée tourbe, outre le foulfre elle contient de l'arfenic, du fer & du cuiure. Ce n'eft
pas pourtant toute terre indifferemment, mais
celle là feule qui eft vn peu baffe & profonde. Or
quoy que cette forte de terre eft iufqu'à 20. 30.
ou 40. pieds de profondeur, on n'en tire pas
pourtant plus bas que cinq ou fix pieds, ou tout
au plus 10. parce que dans fon fonds elle n'a
point du tout de foulfre, & n'eft pas propre à
brufler. Que fi quelquefois ils veulent fçauoir la
profondeur de cette terre bitumineufe, & qu'ils
la creufent profondement pour cét effet : plus ils
vont en auant dans la terre, moins ils la trouuent
enfoulfrée, de forte qu'eftant allez iufqu'au bas
dans les fonds fablonneux, ils la trouuent tout à
fait exempte de foulfre : D'où il eft éuident que
ce foulfre, & arfenic, ce mineral & ce metal, n'a
pas pris fon origine d'en bas, mais d'en haut, &
qu'il eft vray de dire que la plus grande abondance des metaux s'engendre dans le profond de
la terre, & qu'il s'en engendre tres-peu proche
la fuperficie, la femence metalique eftant bien
plus forte & plus actiue au centre de la terre
qu'à la fuperficie : car comme nous auons dit

plusieurs fois, les vertus astrales sont poussées
continuellement au centre de la terre, & là ne
pouuant passer outre, se choquent, se resserrent,
excitent vne chaleur extreme, dont la repercus-
sion échaufe tout le globe terrestre, & l'engraisse
de toute sorte de mineraux. C'est donc de cette
maniere que toute sorte de mineraux & metaux,
soit dans les entrailles de la terre, soit en sa superficie, sont produits d'vne semence astrale,
subtile, & d'vne humeur propre, qui leur sert de
corps. Et que personne ne s'estonne pas de ce
que les metaux sont engendrez d'vne insensible
& tres-subtile vapeur, chaude, meslée auec de
l'humidité, ils ne tombent pas du Ciel tous faits
comme vne pierre d'vn toict de maison ; ils descendent en esprit, & rencontrant dans la terre vn
lieu propre, ils se corporisent par le moyen de
l'eau, & prennent leur pesanteur de la terre. De
mesme que les semences des vegetaux & des animaux ne fournissent que la forme, l'accroissement & la vie, & non pas le corps.

Ceux là se trompent grandement qui tiennent
que les metaux sont composez de soulfre & de
mercure. Il est bien vray qu'ils sont composez
de soulfre & de mercure : mais ce n'est pas de ce
soulfre & de ce mercure commun, c'est de ceux
dont nous auons parlé cy-deuant, à sçauoir de
cette ame astrale, spirituelle, soulfreuse, chaude,
& seiche ; & de l'eau terrestre & visqueuse, de la
conionction desquelles, comme du masle auec la
femesle, tous les metaux sont engendrez. Cette
fausse opinion a esté cause de plusieurs trauaux
qui se sont faits sur le mercure par diuerses personnes qui ont despensé tout leur bien à cette

philosophie, essayant de fixer le mercure commun sans l'or & sans l'argent, ou bien auec l'or & l'argent, & le conuertir à mesme temps en or & en argent. Ie l'ay essayé moy-mesme, mais vainement; dans ma troisiesme Partie ie diray iusques où ie suis paruenu. Il y en a eu beaucoup encore qui ont essayé de tirer le mercure des metaux, afin de le fixer apres en or & en argent, comme estant à leur aduis la premiere matiere de tous les metaux: mais ils n'ont rien auancé, & la fin de ce trauail n'a valu non plus que son commencement qui estoit tres-mal fondé. Ils ont particulierement essayé de tirer le mercure du saturne & de l'antimoine; seduits peut estre par cette sentence des Philosophes, que le saturne pere commun des metaux, estant reduit en mercure, est facilement conuerty en or. Mais les Philosophes, n'ont pas entendu parler de ce mercure commun, ils ont parlé de cette eau visqueuse qui est la semence de tous les metaux, & qui peut receuoir quelque forme que ce soit par l'industrie & par l'adresse de l'artisan; Ie ne sçay d'où vient la folie des hommes, de s'amuser à tirer le mercure du saturne & de l'antimoine, dans l'esperance de le fixer plus facilement, puisque iamais le ♄ ny l'antimoine n'ont esté mercure ny ne le seront iamais, selon mon sentiment. Accordons-leur que le ♄ se puisse conuertir en ☿, en vertu dequoy sera il meilleur que le saturne, n'estant pas rendu plus fixe que luy, mais au contraire plus volatil? Ils disent que le ☿ est d'vne substance plus pure que le saturne, & qu'ainsi il peut s'amalgamer, & fixer plus facilement auec l'or & l'argent. Mais cela est faux; voicy bien ce qui eſt vray, & que i'ay experimenté, ſçauoir eſt que le ♄ & l'antimoine conuertis philoſophiquement en mercure, c'eſt à dire, reduits en vne eau viſqueuſe, ſe ioignent facilement à l'or & à l'argent, & ſe fixent auec eux, & ſans eux. Mais d'auoir iamais veu faire rien qui vaille à ce pretendu mercure de ſaturne, c'eſt ce que ie n'ay iamais veu; ie ſçay bien par experience, qu'auec addition du mercure commun il ſe peut tirer du mercure des metaux; mais le profit qui en reuient, demandes-le à ceux qui l'ont fait à leur grand dommage.

Si le mercure commun eſtoit le principe vniuerſel de tous les metaux, il s'en trouueroit toûjours peu ou prou dans toutes les mines, ou dans la pluſpart. Et comme il ne s'y en trouue point, il faut conclure que cette opinion eſt tres-fauſſe; mais qu'vn eſprit aſtral & vne eau terreſtre ſoient le commencement de tous les metaux, c'eſt ce que tous les Philoſophes proteſtent, diſant que les choſes peuuent eſtre reduites par art en ce dont elles ont eſté premierement compoſées. Or les metaux peuuent eſtre reduits ſans l'aide d'aucun corroſif en eau viſqueuſe, laquelle par vne chaleur & digeſtion reglée, paſſera dans des formes metaliques plus parfaites qu'auparauant. Il faut donc conclure que c'eſt de cette eau viſqueuſe que les metaux ſont ſortis, & non ſeulement les metaux, mais encore pluſieurs pierres & autres choſes minerales, ſoit qu'elles contiennent ou ne contiennent point de metal, trouuées deſſus ou deſſous la terre, tirent leur origine de la meſme eau. Comme i'ay veu par experience dans certaines montagnes ſabloneu-

fer, où les Mineurs venant à creuser pour autre
dessein, rencontrerent par hazard vn semblable
limon aqueux & visqueux, dont il y en eut vn
qui en emporta chez luy, prenant cette matiere pour vne graisse de laquelle il graissa ses sou-
liers: mais trois iours apres il fut bien estonné de
les trouuer couuerts d'vne crouste de pierre, &
toute la masse qu'il auoit portée, conuertie aussi
en pierre; ie n'ignore pas pourtant que les pierres ne s'engendrent aussi d'vne autre façon, de
laquelle il n'est pas à propos de parler en cét
endroit.

Le metal estant reduit en sa premiere mati ere
semblable à vn limon gras & visqueux, il est capable de receuoir toute sorte de formes par la
main de l'artisan, & ne peut iamais estre per-
fectionné & melioré qu'il ne soit plustost reduit
en sa premiere matiere.

Dans vn metal solide, on ne peut pas recon-
noistre sa composition, mais elle paroist dans la
resolution du metal, duquel apres qu'on a tiré
l'ame où consiste toute sa vie & sa perfection, il
n'est plus metal, mais plustost terre inutile, fria-
ble & sans fusion. Toute la bonté du metal con-
sistant en ce peu d'ame & de semence virile &
astrale, tout le reste n'est que corps composé
d'vne terre vile & méprisable.

Enfin ce que i'ay dit dans mon traicté de l'Or
potable confirme assez que les metaux sont crées
aussi sur la terre, à sçauoir que les rayons du ☉
ne deuiennent pas seulement corporels ramassez
en diuers suiets: mais mesme le feu commun de
la cuisine en fait autant. Ce que l'examen de la
coupele certifie puissamment. Ie renuoye le le-

cteur à cét endroit de mon or potable. Le nitre & autres sels, sont engendrez éuidemment par le ☉ dans vne terre humide, ce qui ne se feroit iamais dans vne terre seiche; & tous les Philoso-phes recommandent tousiours l'inceration dans leurs traictez de la perfection & melioration des metaux : Dans cette operation l'humidité est le patient, & la chaleur l'agent. Ce qui se prati-que aussi de mesme sorte dans les animaux & dans les vegetaux, où rien ne peut estre perfe-ctionné & cuit sans humectation. Plus l'eau est épaisse & visqueuse, plus est elle propre à seruir de matrice, & auec plus d'auidité retient-elle la semence : & plus elle est deliée & subtile, plus est elle propre à la vegetation de la semence. L'eau ne peut d'elle-mesme estre conuertie en metal, si plustost elle n'est engraissie de la semen-ce par la vertu des astres, & douée d'vne vie ve-getatiue. Cette eau est la semence, l'origine, & l'ame, & la vie de tous les metaux, & plus cha-que metal en participe, plus est-il meilleur & plus fixe. Ie suis donc fermement de cette opi-nion, que les metaux tirent leur ame, leur esprit, & leur vie des astres, comme d'vne semence vni-uerselle; leur corps est tiré de l'eau comme de la mere commune, selon la situation, ou la pureté de laquelle, ou selon les diuers empeschemens, prouient la diuersité de leurs corps & de leur dif-ferente perfection.

Que cecy suffise touchant la generation des metaux. Or maintenant en quelle maniere ils dé-croissent & meurent, apres auoir acquis leur derniere perfection, ou bien comment ils en sont empeschez par quelque accident qui les tuë dans leur ieuneſſe ; ie m'en vay vous l'expliquer.

Toute ſorte de creatures ont vn certain temps de vie & de durée déterminé, iuſques auquel elles peuuent aller ſelon le cours de la nature; que ſi elles n'y arriuent pas tout-a-fait, c'eſt par accident & non par nature. Cette abbreuiation de vie ſe fait en pluſieurs ſortes ſelon les diuers euenemens ou diuers accidens qui la cauſent; à certaines choſes le froid eſt contraire, & les em-peſche de croiſtre; comme les metaux, leſquels tirez hors de la mine ne croiſſent plus, mais de-meurent tels qu'ils ont eſté tirez ſoit purs ou impurs, meurs ou non meurs, à moins qu'ils rencontrent vne nouuelle matrice, comme fait la ſemence des plantes iettée en terre : car alors ils commencent de nouueau à croiſtre, à ſe cuire & à ſe perfectionner. A d'autres choſes l'air eſt leur vie, comme aux vegetaux & aux animaux qui ne ſçauroient viure ſans air: les poiſſons au contrai-re y trouuent leur mort, & l'eau eſt leur vie, la-quelle eſt la mort des animaux a 2. pieds & à 4. pieds.

Comme chaque élement a ſes propres & particulieres productions qu'il nourrit comme ſes enfans; auſſi en a-il d'autres qu'il détruit naturellement, comme il eſt mani-feſté dans la naiſſance & dans la mort des metaux. Car dés auſſi-toſt qu'ils ſont conceus dans la terre , & qu'ils commencent à croiſtre, ils ſont faits participans d'vne certaine nature ſalée , qui leur ſert comme de matrice, dans laquelle ou par laquelle ils ſont à la fin perfection-nez: Croiſſant tous les iours de plus en plus en bonté & en quantité, tant qu'ils ne ſont point interrompus par quel-que accident. Mais dés le moment que quelque choſe de contraire comme l'air ou l'eau vient à s'introduire dans leur matrice, ils ne croiſſent plus & perdent la vie, eſtant incapables de reſiſter à l'air & à l'eau dans leur naiſſance à cauſe du ſel tres-ſubtil en quoy conſiſte leur vie ; ce ſel par le moyen de l'air vient à eſtre éleué & retiré par les aſtres; & ſi c'eſt l'eau qui entre auec violence, ce ſel vient

à eſtre diſſout, & le metal détruit par conſequent , pource
que de l'vne & de l'autre façon ſa matrice eſt détruite par
vn élement contraire.   C'eſt donc ainſi que les metaux
meurent dans leur naiſſance, eſtant dans ce premier eſtre
comme vn embrion ſuiet à la moindre corruption. Mais
lors qu'ils ſont à demy cuits, & qu'ils ont preſque atteint
l'âge viril,ils ſont plus robuſtes & peuuent reſiſter dauantage aux iniures externes ; leur ſel tendre & ſubtil eſtant
deſia conuerty en ſoulfre,qui ne craint point la corruption
de l'air ny de l'eau. Que ſi le metal vient à ſa dernière
perfection,& qu'il ne ſoit point tiré de la terre,de laquelle il ne reçoit plus de nourriture, eſtant dépoüillée de ſon
habit ſoulphreux,& ne receuant plus de ſecours de la nature, il peut eſtre fort bien comparé en cét eſtat à l'homme vieux & decrepit, en qui l'humide radical ſe deſſei-
che de plus en plus tous les iours. Car alors le metal eſt
pareillement diſſout & deuoré inſenſiblement iuſqu'à ce
qu'il ſoit reduit à neant par le meſme ſel aſtral dont il a
eſté engendré : pource que la nature garde la meſme circulation de naiſſance & de mort dans les metaux comme
dans les vegetaux & dans les animaux. Il arriue par fois
que les Mineurs trouuant le metal creuſé & mangé par le
ſel aſtral, comme la ruche de miel par les abeilles, ils ont
accouſtumé de dire qu'ils ſont venus trop tard. D'où ie
conclus que la meſme coruſcation eſt le principe  & la fin
des metaux.

Il ne nous importe point de ſçauoir lequel a eſté le premier qui a creuſé la terre pour en tirer le metal , & pour
l'appliquer à nos vſages. Il ſemble pourtant eſtre tres-
certain que ce fuſt Adam à qui Dieu inſpira cette penſée
comme ſuy eſtant abſolument neceſſaire. D'Adam le ſe-
cret vint iuſqu'à Noé ſucceſſiuement ; de Noé iuſqu'à
nous, & ſera ainſi conſerué iuſqu'à la fin des ſiecles à cauſe de ſa grande vtilité & neceſſité. Et quoy que cét art
tres-noble & tres-vtile , ſoit accompagné de beaucoup
de deſpence, de trauail , & de danger , & que le profit
meſme en ſoit incertain, il ne doit pas eſtre pourtant mé-
priſé ny negligé; parce qu'il eſt honneſte, agreable à
Dieu , cultiué autrefois par beaucoup de Prophetes &
Rois, & qu'il eſt auiourd'huy de grande eſtime parmy les
Chreſtiens,à cauſe de ſa grande neceſſité.Celuy-là pour-
roit ſe glorifier de la felicité de ce monde à qui Dieu au-

roit départy cette lumiere de sçauoir par quelle industrie on peut secourir la nature, oster le superflu des metaux vils, & imparfaits, & reparer ce qui leur manque.

Celuy vrayement auroit vne miniere riche, & n'auroit pas à apprehender que les spectres, l'inondation des eaux, les tempestes, les malignes vapeurs, & autres accidens, l'interrompissent dans son trauail. Mais quoy, l'homme par sa mauuaise vie incorrigible s'est rendu incapable de cette science, il est contraint de tirer les metaux de la terre à la sueur de son visage, & de mener vne vie pleine de trauaux, de soin, & d'imquietudes.

C'est ainsi que mettant fin à mon traicté de la generation des metaux, ie renuoye le lecteur qui en desirera dauantage, à ma troisiesme Partie, où il est soigneusement enseigné, qu'est-ce que metal à proprement parler, le moyen de distinguer l'vn d'auec l'autre, les ouurir sans corrosif, les reduire en leur premiere matiere, & par le moyen de l'art & du feu de cette premiere matiere engendrer de nouueaux metaux beaucoup plus parfaits. Outre cela de quelle façon les metaux doiuent estre examinez & purgez par vne methode meilleure que l'ordinaire. I'explique encore dans ce traitté le mieux que ie puis le traitté de Paracelse, intitulé le Liure des Vexations ou Ciel des Philosophes; afin de pouuoir redonner l'honneur qui est deu à ce grand personnage, dont plusieurs esprits malins ont voulu obscurcir l'éclat, & que tout le monde connoisse qu'il a esté tres-experimenté dans les secrets de la nature, qu'il a écrit fort fidelement, & nous a laissé de grandes lumieres, quoy que peu de personnes y prennent garde. I'entreprens la troisiesme Partie de cét ouurage pour les éclaircir encore dauantage, les porter plus loing & les défendre contre les ennemis de la verité, le tout en faueur & vtilité du prochain. Ie prie Dieu, Createur de toutes choses, & Protecteur de la verité, de vouloir fauoriser mon dessein.


**FIN.**

9 782013 557832